实验室里的

科研明星 果蝇

杨郑鸿 著

山东科学技术出版社
·济南·

图书在版编目（CIP）数据

实验室里的科研明星 ： 果蝇 / 杨郑鸿著. -- 济南 ： 山东科学技术出版社，2025. 8. -- ISBN 978-7-5723-2084-2

Ⅰ. Q969.462.2-49

中国国家版本馆 CIP 数据核字第 2024U89Z29 号

实验室里的科研明星：果蝇

SHIYANSHI LI DE KEYAN MINGXING: GUOYING

出 版 人：郑淑娟
策划编辑：光 奎 刘玉莹
责任编辑：刘玉莹 陈名扬 张 琦
装帧设计：庞 婕
插图绘制：杨钦涛

主管单位：山东出版传媒股份有限公司
出 版 者：山东科学技术出版社
地址：济南市市中区舜耕路 517 号
邮编：250003 电话：（0531）82098030
网址：www.lkj.com.cn
电子邮件：jiaoyu@sdkjs.com.cn
发 行 者：山东科学技术出版社
地址：济南市市中区舜耕路 517 号
邮编：250003 电话：（0531）82098067
印 刷 者：济南新先锋彩印有限公司
地址：济南市工业北路 188–6 号
邮编：250100 电话：（0531）88615699

规格： 32 开（140 mm × 210 mm）
印张： 4 **字数：** 75 千
版次： 2025 年 8 月第 1 版 **印次：** 2025 年 8 月第 1 次印刷
定价： 49.00 元

PREFACE

序

郭爱克（1940—2025）：中国神经科学和生物物理学家，中国科学院院士。中国科学院生物物理研究所、中国科学院上海生命科学研究院神经科学研究所研究员、中国科学院大学生命科学学院荣誉讲席教授。

致亲爱的读者朋友们：

当得知这本以果蝇为主题的科普读物即将面世，我的内心充盈着欣慰与期待。回溯1993年，我在中国科学院生物物理研究所创建国内首个果蝇学习与记忆实验室时，绝大多数人尚不知晓果蝇何以成为科学研究的模式生物，更难以理解这种微小生命蕴藏的巨大科研价值。而今三十载光阴荏苒，作为与果蝇相伴半生的研究者，我见证了这个不足3毫米的小生灵如何撬动人类认知的边界——它揭示了生物钟的分子密码，解码了学习记忆的神经机制，阐明了抉择行为的演化逻辑；2024年11月，它更穿越苍穹入驻我国“天宫”空间站，在微重力与亚磁场的太空环境中继续为人类科研事业作出贡献。此刻，目睹这些朝夕相处的“科研伙伴”以如此鲜活的方式跃入青少年视野，这份喜悦既属于科研工作者，更属于每一个即将与果蝇结缘的年轻心灵。

本书以拟人的写法与生动的插图，为青少年开启了一扇认知果蝇的奇妙窗口：从幼虫化蛹的生命蜕变到复眼构成的视觉奇迹，从记忆编码的神经图谱到太空实验的前沿突破，作者用深入浅出的叙述将微观世界的科学奥秘娓娓道来。尤为可贵的是，书中始终贯穿着“小生物大科学”的思维脉络——当读者为果蝇复眼而惊叹时，已然触摸到脑科学最本真的奥秘；当看到它们遨游太空时，探索生命真谛的愿望便悄悄萌芽。

本书作者杨郑鸿研究员是科研与科普并重的杰出代表。他本硕博均毕业于德国维尔茨堡大学，师从著名生物学家海森堡教授，归国后曾在中国科学院生物物理研究所工作，以果蝇为钥破解神经生物学难题，现任教于郑州大学生命科学学院。难能可贵的是，他在承担繁重科研教学任务的同时，始终践行“让科学照耀人生”的理念。作为河南省首席科普专家，他致力于将晦涩的专业知识转化为青少年触手可及的精神盛宴。

科学探索是一条漫长且充满挑战的道路，但也是一条充满惊喜和成就感的道路。我希望这本承载着智慧与趣味的读物，能化作一粒求知的种子，在年轻的心中播下对科学的热爱和好奇。也许今天的读者中，会有人在未来的某一天走上科学研究的道路，继续探索生命的奥秘。

最后，我要向杨郑鸿研究员表示衷心的感谢。感谢他以如此生动有趣的方式，将科学知识传递给下一代。我相信，这本书将成为许多青少年科学征程的启明星。

祝愿所有读者在阅读这本书的过程中，收获知识，收获快乐，收获对科学的热爱。

郭爱克

2025年2月

各位小朋友，大家好！很高兴认识你们！我是一只小果蝇，你们可能还不是很了解我，我先来做个自我介绍吧！

我身材小巧，能走会飞，身体虽然只有几毫米长，但有头、胸和腹三部分，不仅能用六只脚来爬行，还能用背上的一对翅膀来飞行；我有两只大大的眼睛——复眼，能看到自己背后的物体。头上还有两根毛茸茸的触角，可以在很远的距离外闻到食物的气味。别看我身材特别小，我也有脑，还会思考，能够快速记住食物的气味和准确位置。虽然没有手表，我却很有时间观念，每天会准时起床和睡觉。也许你们还不知道，其实我经常和人类一起居住，甚至还是世界上很多著名科学家最亲密的“好朋友”呢！

怎么样，
各位小朋友现在是不是对我更加好奇了啊！
那就让我们一起出发，来一场
“探秘果蝇”之旅吧！

CONTENTS

目录

果蝇就是苍蝇吗？
昆虫界的双胞胎之谜

果蝇——是不是就是爱吃水果的苍蝇呢？很多小朋友把我和同样会飞的苍蝇弄混，以为我们是一种动物。我们确实长得很相似，都有六条腿和一对翅膀，而且名字里又都有个“蝇”字，那我们到底是不是一种生物呢？就让我来跟大家讲讲果蝇和苍蝇的关系吧。

“蝇”是由“虫”和“黾（mǐn）”两个字组合而成的，意思是吃得少但繁殖多的虫子。这说的可不就是果蝇和苍蝇嘛！因为体型小，所以我们都只吃一点点东西，但却能繁殖出很多的后代。那么在生物学的定义里，果蝇和苍蝇一样吗？

我们都是昆虫，同属于分类学上的昆虫纲、双翅目。这是一类非常大的家族，在世界范围内分布着大约85000种双翅目的昆虫，其中中国大概生活着4000多种。但是有一点你们可能会感觉到很奇怪，我们果蝇与这些昆虫虽然属于双翅目，可实际上我们却只有一对翅膀，这是为什么呢？原来，在漫长的进化过程中，我们后面那对翅膀都退化了！它变成了一对小小的、棒状的结构，被人类称为平衡棒，

在飞行过程中起到帮助身体平衡的作用。所以，双翅目的昆虫大部分都是飞行高手，因为我们不仅有翅膀，还有飞行辅助器官呢！但也有少数双翅目昆虫的翅膀和平衡棒都已经退化，因此不具备飞行能力了。

既然果蝇和苍蝇的外形相似，且都是双翅目昆虫，那回到刚才提到的问题，我们和苍蝇是不是一种动物呢？答案却是否定的，我们是同属双翅目的两种不同动物。

通常所说的苍蝇，属于双翅目的蝇科；而我们果蝇则属于双翅目的果蝇科。从外形上看，我们的体型和体色相差很大。苍蝇体长5~8毫米，灰褐色为主（这大概也是“苍蝇”这个名字的由来）；而果蝇的身材就娇小了不少，只有2~4毫米长，身体呈黄褐色。此外，我们还有一些其他不那么明显的外形区别，比如苍蝇眼睛呈暗红色，果蝇眼睛呈鲜红色；苍蝇背部有条纹图案，果蝇腹部有黑色斑点或条纹。

除了长得样子不同之外，苍蝇和果蝇还有一点

苍蝇

果蝇

重要的区别，就是我们的生活环境和饮食习惯有很大不同。

苍蝇摄取食物的范围很广泛，是不挑食的“小吃货”，但却不太讲卫生：人类的食物残渣、腐肉，甚至人畜排泄物等，都是它们的食物来源。所以，苍蝇身上会携带很多对人类有害的细菌。人如果吃了苍蝇享用过的食物，可能会生病。但是很奇怪，苍蝇这么不讲卫生，它自己怎么不生病呢？这主要是因为经过自然选择和进化，它们已经发展出了非常强大的免疫系统，能够抵抗生活环境中的有害细菌。另外，苍蝇还有一项绝技，它们的食物从入口到排泄只需要短短十几秒时间，这能够防止有害细菌在体内大量繁殖，从而减少对自己的伤害。可是，这种“边吃边拉”的习惯会严重污染食物，人类可就不能再食用苍蝇吃过的东西啦！

跟苍蝇不同，果蝇的生活环境与摄取的食物就卫生得多。我们是“甜品控”，主要以含糖量高的水果为食（大家经常在杨梅果肉里见到的小白虫，就是我们果蝇的幼虫），不接触腐肉和排泄物等，因为我们自身免疫系统并不发达，接触细菌后很快就会死亡。因此，小朋友们以后再见到我的同伴，并不用特别担心，我们不会传播让人类害怕的疾病。我们碰过的食物，只需要清洗干净就可以继续吃啦！

果蝇≠苍蝇

体长2~4毫米

黄褐色

眼睛呈鲜红色

腹部有黑斑或条纹

以水果为食

免疫力差

果蝇

苍蝇

体长5~8毫米

灰褐色

眼睛呈暗红色

背部有条纹图案

吃腐肉、排泄物

免疫力强

果蝇为什么能成为科学家的“超级萌宠”

别看我们果蝇身材小巧，毫不起眼，但你们一定想不到，我们竟然和很多科学家都是好朋友！他们甚至会把我们当作心爱的“宠物”，在实验室里精心饲养，和我们朝夕相处，为我们着迷呢！你们一定觉得很奇怪吧，和人类一点儿也不像的小虫子，既不漂亮，又不可爱，怎么就让大量的科学家对我们感兴趣，甚至终其一生都研究我们呢？

下面，我们就来采访一位把果蝇当作“宠物”的科学家，让他来说说其中的奥秘吧！

各位小朋友：你们好！我是杨博士，目前在用果蝇做科学研究。果蝇是我的好朋友，我们几乎每天都见面。就让我来给你们介绍一下，科学家们为何如此青睐果蝇吧。

咱们先从基因说起。世界上绝大多数生物都由细胞组成，而每一个细胞的形态、功能都是由基因控制的。我们分别从父亲和母亲身体里得到各一半的基因，组成自己的遗传物质。所以每个人既有像母亲的地方，又有和父亲的相似之处。不同的基因决定了我们眼睛的颜色、头发的粗细、肤色的深浅、

个子的高矮，甚至可以决定我们的性格，影响我们的健康。

果蝇也不例外，它们的身体特征也都是由基因决定的。2000年，科学家完成了对果蝇基因的测序，结果显示它们总共有13600个基因，这听起来并不是很多。那人类有多少基因呢？人类自诩为这颗蓝色星球上最高级的生物，拥有最复杂的思想和身体，所以曾有科学家估算人类至少有10万个基因，甚至有科学家估测人类有超过100万个基因。然而，2003年完成的人类基因组计划让科学家大为吃惊：人类只有25000个基因！只比果蝇多10000个左右！不仅如此，果蝇的基因和人类的基因竟然有高达60%的相似度。当时科学家都被自己的研究结果惊呆了，反复思考是不是哪里弄错了。然而，这个结果却让研究果蝇的科学家们异常惊喜，正是因为果蝇和人类遗传物质相似度高，我们的研究成果才更容易转化和应用在人类身上。不仅如此，更为深入的研究发现，人类四分之三的遗传疾病都能在果蝇身上找到相似的致病基因，这更使果蝇成为一种高效的研究人类疾病的模式动物。

有些小朋友可能要问了：既然果蝇和人类如此相似，为什么不直接对人类进行研究呢？先研究果蝇，再把研究成果转化到人类身上，岂不是多此一举？

这个问题非常好。之所以如此多的科学家痴迷于对果蝇的研究，是因为果蝇的神经系统比人类简单很多。如果把每个人比作一台精密的电脑，那基因就是我们的组装说明书。按照这本复杂且详细的说明书，生命从胚胎就开始了自我组装。我们的头发是什么颜色、眼睛是不是双眼皮、四肢有多长等所有特征，都是严格按照那来自父母各一半的“遗传手册”进行的。当我们长出了手脚、眼睛、鼻子、嘴巴等所有身体结构以后，这台电脑的硬件就算组装完成了。

接下来我们要干吗呢？就是给这台电脑安装“软件”，让它能够正常运行起来。生物的神经系统就像电脑的操作系统，它控制着身体的一举一动，也储存着所有的记忆，影响着我们的喜怒哀乐。对神经系统的研究，被称作“神经生物学”。我们的记忆如何产生、又储存在哪里，梦境是怎么形成的，为什么我们有时难过有时伤心，精神异常的病人是因为大脑发生了变化吗……这些有趣的问题，都在神经生物学的研究范围里。

所有动物的“操作系统”，哦，不，神经系统都是由一个又一个神经元组成的。越高等的生物，神经系统就越复杂。人类拥有世界上最复杂的神经系统：人脑中大约有1000亿个神经元，想要研究清楚这1000亿个神经元谈何容易，更不要提它们之间的相互关系了，目前这是一个不可能完成的任务。也正是这个原因，很多科学家把目光转向了神经系统没有这么复杂的小动物。小白鼠的脑子小不少，但仍有大约1亿个神经元，还是太多啦！那果蝇呢？研究发现，果蝇的神经系统就简单多了，只有10万个神经元。

10万虽然也不是一个小数字，但只有小白鼠的千分之一、人类的百万分之一，大大降低了研究难度。我们可以从相对简单的“操作系统”入手，弄清楚果蝇脑是怎么工作的，再把研究结果和人类的情况相比较、相结合，这样就能达到事半功倍的效果。

果蝇除了神经系统相对简单，便于科学家探索脑的奥秘之外，还有一些特点为科学研究提供了便利。因为遗传学需要对后代进行追踪研究，所以较短的生长周期会让研究变得更加高效。果蝇的生长发育周期只有10~14天，这比人类以及很多其他动物都短。试想，如果科学家要观察大猩猩神经系统的遗传特征，那需要等猩猩父母的孩子出生甚至成年，这可是好多年的时间呢。但如果用果蝇替代的话，只需要一个月时间，就能对它们的“孙子辈”进行研究了。这使得科学家们能在较短时间内观察研究多代果蝇的遗传变化，大大加速了科研进程。此外，经过对果蝇上百年的研究，科学家们发明了非常多有效的研究工具，帮助我们精确、快速地对果蝇的每个基因、每个神经元进行操作，再次提高了研究的效率与准确性。

现在大家知道了，果蝇的基因和人类有高达60%的相似性，使我们的研究成果更易应用在人类身上；果蝇的神经系统简单很多，方便我们理解它的功能和作用；果蝇生长发育周期短、研究工具多，让研究变得更加便捷。就是这些原因，让果蝇在过去的一百多年逐步变为神经生物学家、遗传学家、细胞生物学家等科学家最喜爱的宠物之一。科学家们和果蝇一起在世界范围内获得了无数大奖，为人类的科学事业作出了巨大的贡献。

大家听了杨博士的介绍，是不是终于弄明白我们这些小小的果蝇为什么能成为科学家的“超级萌宠”和实验室里的“科研明星”了。所以，可不要小瞧我们了，在你们家里飞来飞去的小虫子，可是为人类的科学进步作出过大贡献呢！下次再看到围着香蕉皮打转的我们，你可以骄傲地跟家人介绍：“这可不是普通的苍蝇，它们是科学家的‘超级助手’！”

从卵到成虫
——有趣的果蝇变形记

大家想不想知道我们小时候长什么样啊？果蝇的“幼崽”就是缩小版的果蝇吗？

在回答这个问题之前，请大家一起想一想，都见过哪些动物小时候的样子呢？小猫和小狗，或是小鸡和小鸭等？这些宝贝刚出生时都很小，只有经过一段时间的发育才变得跟自己的爸爸妈妈一样高、一样壮。我们仔细思考的话，这些小动物除了个头比较小、毛发等有差别外，是不是和自己的父母长得很像呢？小猫小狗都用四只脚走路，小鸡小鸭都各有两只脚和一对翅膀。人类小时候呢，挥动着自己的四肢，圆圆的脑袋上长着和父母相似的五官。

不过啊，有些动物刚出生时和自己的爸爸妈妈长得完全不一样，简直就不像是亲生的！小蝌蚪找妈妈的故事相信大家都听过，小蝌蚪因为和青蛙妈妈长得不一样，都搞不清楚自己的妈妈到底是谁了。这种现象被科学家称为“变态发育”：动物长大后与出生时相比，身体形态发生了非常大的变化，简直是“脱胎换骨”。

最典型的变态发育动物就属昆虫了。果蝇、蝴蝶、蜜蜂、蚂蚁、蚊子等昆虫都是变态发育。那果蝇宝宝到底是什么样子呢？我们小时候是一颗白白的、米粒形状的虫子，体长只有1~2毫米。这时候我们叫作“果蝇幼虫”，还没有腿脚，没有翅膀，也没有像爸爸妈妈一样红红的大眼睛，怎么看都不像

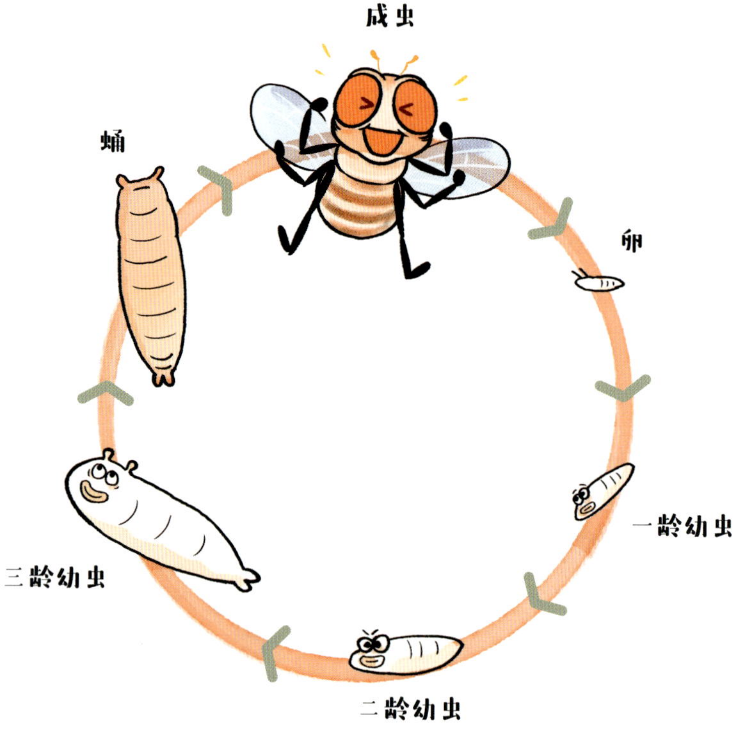

是亲生的。我们会在营养丰富的食物上面爬啊爬，吃饱喝足了，就找到一个安全、干燥的地方停下来，3~4天后，我们柔软的身体外会长出坚硬的外壳，包裹住自己——蛹化开始了。在蛹化的过程中，我们的身体在坚硬的外壳里发生剧烈变化，幼虫的结构全部瓦解消失，新的身体重新形成，长出脚和翅膀等结构，这是果蝇完成华丽转身的重要时刻。5天后，一只会飞的成蝇就从蛹中钻出来了。

那么，在蛹壳内到底发生了什么，让我们从只会爬行的幼虫，短短几天就完全变了模样呢？这个快速而剧烈的变化过程，吸引了世界上很多科学家的关注。他们经过研究揭开了这个小秘密：原来在蛹化阶段，我们的幼虫细胞会全部被分解掉，化为营养物质，以帮助体内处于萌芽的成虫细胞在蛹期吸收营养、快速分裂和生长，分化出成熟的翅膀、腿、眼睛、触角等器官。这些成虫细胞其实从一开始就在幼虫体内，但它们只是一直安安静静地待着，等到时机成熟（营养丰富的蛹期），才开始生长发育。

现在你是不是理解了，果蝇幼虫可能是世界上最“幸福”的动物，我们唯一的任务就是不停地吃。因为我们吃得越多，自己就越肥硕，就能在蛹期为成虫细胞提供越多的营养，破蛹而出的成虫就越健康强壮。

与众不同的大眼睛
——复眼

人类的眼睛

根据我的观察，人类有一双明亮的大眼睛，不同人种的眼睛颜色不一样。有些人是黑眼睛（实际是深棕色），有些人是蓝眼睛，还有些人的眼睛是灰色或琥珀色的。听杨博士说，这是因为眼球虹膜中色素的颜色不同。我们果蝇也有一双大眼睛，叫作“复眼”，与人类的眼睛比起来显得非常与众不同。让我们跟随杨博士去一探究竟吧！

人类的眼睛结构非常复杂，主要由角膜、瞳孔、虹膜、巩膜、晶状体、视网膜、视神经、血管和肌肉等组成。眼睛就像一台精密的“相机”，它的最外层是角膜，相当于相机的镜头。角膜如果变得浑浊，就好比相机镜头磨损了，会影响影像的质量。如果替换成一个透明的好镜头，又可以照出清晰的照片，

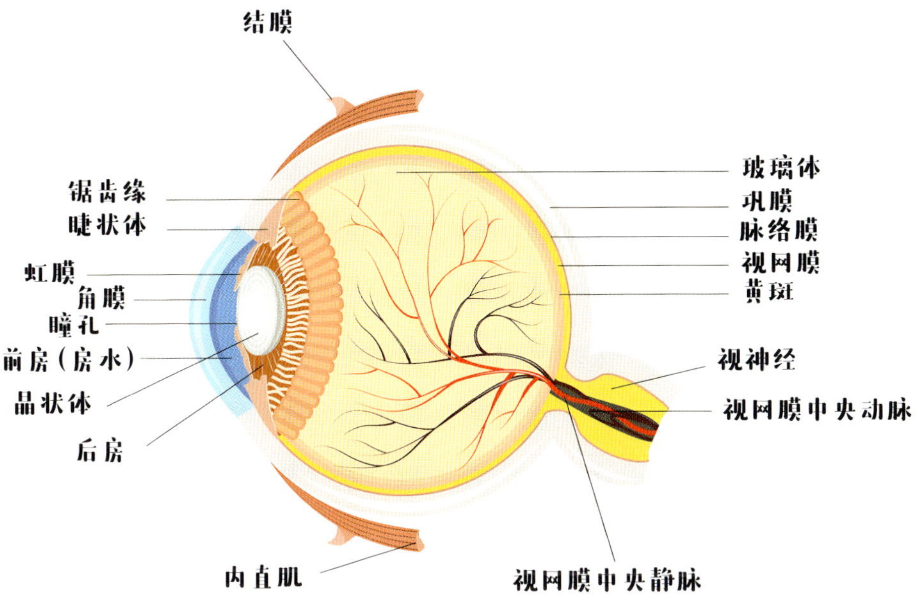

这就是我们通常所说的角膜移植。光线通过角膜到达瞳孔。瞳孔是虹膜中心的圆孔，可以根据环境光线的强弱自由开合。光线充足，瞳孔就会缩小一些，减少进入眼睛的光线；环境昏暗，瞳孔就会放大，让更多的光线能够进入眼睛，保证我们看清楚。瞳孔后面的晶状体，是眼睛里另一个非常重要的结构。我们看远处物体的时候晶状体会被拉伸变薄，看近处时晶状体变凸变厚，这样就能保证不同远近的物体都可以在视网膜上形成清晰的影像。老年人晶状体的弹性减退，因而对观看远近物体的调节力降低，这就是我们俗称的“老花眼”。晶状体变浑浊，也会引起视力障碍，此时瞳孔内呈白色，称为“白内障”。

光线通过晶状体，再穿过充满液体的玻璃体，就到达了最终的目的地——视网膜。视网膜是由视觉细胞组成的，对光线非常敏感，它是我们眼睛能看到这个世界的关键。视网膜的结构非常复杂，由很多层细胞组成，其中两种细胞最重要，分别是视锥细胞和视杆细胞。人类的视网膜中大约有600万个视锥细胞和1.3亿个视杆细胞。之所以数量差这么多，是因为它们的分工有所不同。数量少的视锥细胞主要负责感受颜色，我们能看到五彩缤纷的世界，要归功于视锥细胞，但是它们对光线不敏感，在暗光环境下不太起作用。而数量多的视杆细胞，比视锥细胞对光线敏感100倍以上，能够在非常昏暗的环境下看到物体，并且快速对运动物体产生反应。但视杆细胞不能分辨不同的色彩，这也是我们在晚上虽然能看清物体形状，却不容易分辨它们颜色的原因。

视神经在眼球后侧汇聚在一起，形成一个粗的神经束，继续向大脑传递视觉信息，最终形成我们可以感受到的视觉。在视神经汇聚成束的地方，因为视网膜的折叠，没有办法成像——形成了我们熟知的盲点。

STEAM 小课堂

盲点演示（一）

观察上图，将图置于45厘米以外。闭上你的右眼，用你的左眼注视图中的十字。将你的脑袋做轻微的前后移动，最后你将找到一个位置，使得图中的黑色圆点消失。此时，视野的这个区域就是左眼的盲点。

STEAM小课堂

盲点演示（二）

同样地，闭上你的右眼，用你的左眼注视图中的十字。将你的脑袋做轻微的前后移动，你会发现当线段中断处位于你眼睛的盲点时，你所感知到的是连续的、不中断的线段。

果蝇的眼睛

我们果蝇的眼睛和人类的眼睛就非常不同了，单从外观上看就有非常大的区别。首先，和人类眼睛颜色不同，我们的眼睛醒目多了，一般是鲜红色的。如果仔细观察我们的头部，会发现我们的眼睛非常大，几乎占据了头部的一半。再认真看还会发现我们的眼睛不像人类的眼球那样光滑，表面是凹凸不平的。果蝇的眼睛被称作“复眼”，上面每一个

小的凸起就是一个“小眼”。每只复眼大约由1000个小眼组成，每一个小眼都有自己单独的成像细胞和结构。

这么多小眼组成的复眼，看到的世界到底是什么样子的呢?

和人类能看到一幅幅平滑的、连续的、分辨率高的图案不同，我们果蝇看到的世界像马赛克一样。每一个小眼对整个视野内一小片范围进行成像，然后拼起来共同组成一幅完整的图案。这个图案的清晰度不高，远不如人类。那有人可能有疑问了，为什么我们有这么大的眼睛，却看不清楚呢?是不是说明果蝇的眼睛比人类的眼睛低等很多呢?事实不是这样的。现在地球上生存的每种生物，都是经过长期自然选择的结果，大家都已经适应了各自的生存环境。人类和其他许多哺乳动物一样，是地球上的捕食者。捕食者需要识别猎物躲藏的位置，紧紧盯住它们进行捕获，因此需要清晰的成像。而我们昆虫通常是被捕食者，躲避天敌的追捕是我们的重要任务。这种情况下我们就不需要知道敌人具体位置在哪里，更不用看清楚它们的样子，对我们来说最重要的是尽早发现来自身边甚至身后的危险，知道敌人来了，赶紧逃跑保命。我们的复眼，恰恰就有这种能力。通过复眼，我们不仅能看到前方的物体，还能看到自己身体后面。复眼的视野范围可是有将近360°呢！这就方便我们及时发现来自各个方向的危险，然后逃之夭夭。

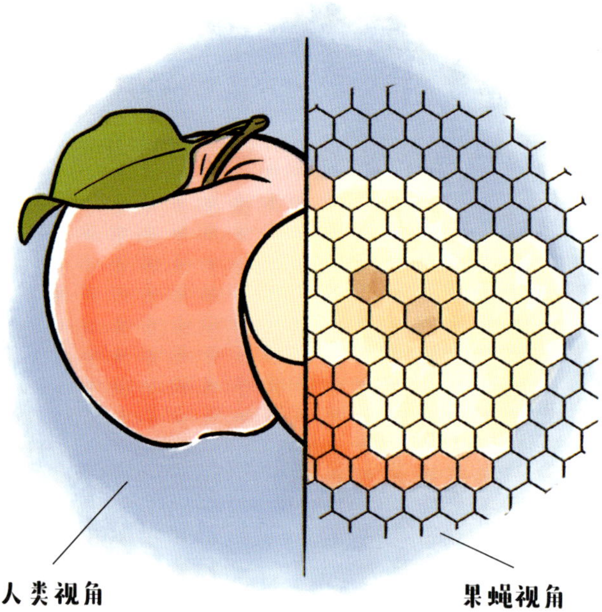

我们的复眼除了能看到的范围非常广之外，还有另外一个撒手锏，能够帮助我们躲避天敌的攻击——超高的时间分辨率。在空间分辨率上，我们无法与人类的双眼匹敌，看得没有你们清楚，但是在时间分辨率上，我们的复眼却更胜一筹。可能有人不知道什么是时间分辨率，简单来说就是每秒钟能看到多少幅图案。比如人类眼睛的时间分辨率大约是20赫兹，代表一秒钟能分辨20幅图案。这也是现代电影通常采用高于这个界限的24赫兹的主要原因，这样人眼看到的就是连贯的影像了。那你们猜我们复眼的时间分辨率有多少呢？高达300赫兹！也就是说，我们一秒钟可以看清楚大概300幅图片，如果有好心人带着我们去看电影，我们看到的就是一张又一张切换的幻灯片！正是因为有着超高的时间分辨率，我们能够看清楚快速移动的物体，比如飞过来捕食的鸟、挥动的苍蝇拍，我们都能轻松躲避。

超广视野范围和超高时间分辨率这两个有力的武器，使得拥有复眼的昆虫得以在险恶的环境中生存下来。现在，你们还认为我们的眼睛低等吗？

小脑袋，大智慧——果蝇也有“最强大脑”

既然我们果蝇这么聪明，那小朋友们是不是很好奇，我们有没有像人类一样的脑呢？我们果蝇脑都有哪些功能呢？

给大家介绍果蝇脑之前，我们还是先来看看人脑的结构和功能吧。人脑主要由大脑、小脑和脑干三个部分组成。大脑是最为复杂的一部分，占据了头骨内的大部分空间，主要负责人类认知和情感等高级功能；小脑位于脑的后部，在协调运动和平衡方面发挥着重要作用；脑干位于脑的下方，控制着自主神经系统和基本生命功能，如呼吸、心跳和内脏蠕动等。小脑和脑干也是最古老、出现最早的脑

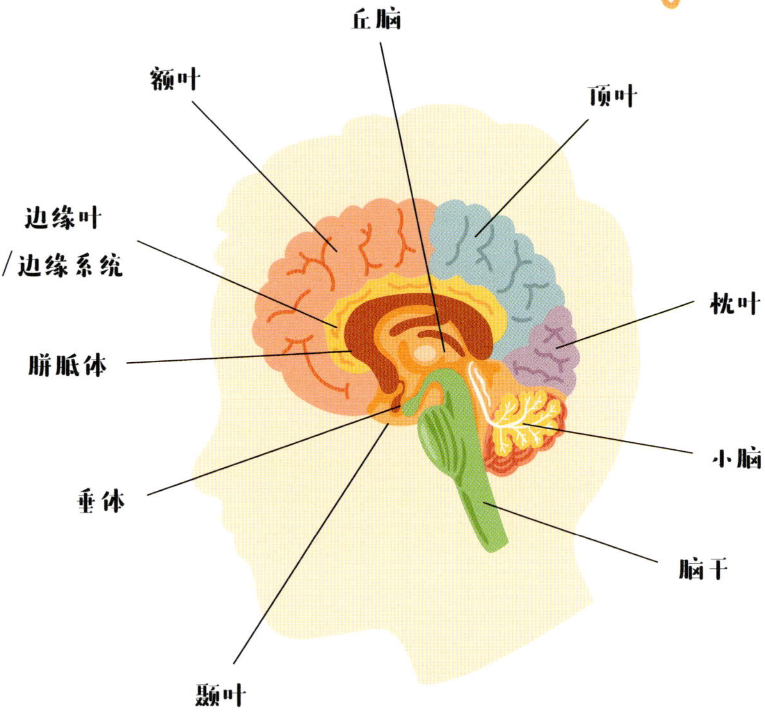
丘脑
额叶
顶叶
边缘叶
/边缘系统
枕叶
胼胝体
小脑
垂体
脑干
颞叶

结构。

大脑是人脑中最复杂、也是最高级的神经中枢，主要包括边缘系统和大脑皮层，前者负责基础功能，后者负责高级功能。

边缘系统包括很多不同的结构，它们都有一些好玩的名字，比如杏仁体、海马体、丘脑和下丘脑等，因为它们的样子像杏仁、小海马和山丘。杏仁体可以控制情绪；海马体主要负责记忆的产生；丘脑是大脑内的桥梁，几乎所有到达大脑皮层的信息都要通过它；下丘脑调节身体状态，比如体温、新陈代谢、内分泌等。边缘系统在进化过程中出现很早，爬行动物甚至很多古生物都有边缘系统。

大脑皮层属于脑甚至整个神经系统演化史上出现最晚、功能最为高阶的部分。所有哺乳动物都有大脑皮层，当然包括人类。大脑皮层负责所有的高级脑功能，比如学习与记忆、语言、视觉、听觉、抽象思考，等等。高级哺乳动物的大脑皮层上还有很多褶皱，被称作“沟回”，可以增加大脑皮层的表面积。越高等的动物，大脑皮层上沟回越多。

大脑分为左右两个半球，一般认为，左脑负责理性思考，包括逻辑、语言、意念等；右脑负责感性思考，比如情感、想象力等。例如，科学家比较理性、有逻辑，所以左脑发达；艺术家重感性、具有创造力，擅长空间和物体形状认知，故右脑发达。当然，这种分类不是绝对的，任何一种能力都是由几乎整个大脑的不同功能区域协同完成的。

以果蝇为代表的昆虫，和人类一样，也有脑。别看我们个头小，却能够处理各种感觉信息、精巧地控制自身运动，同时也具有基本的认知能力，所有这些都离不开昆虫脑的精巧结构和精确调控！

果蝇脑主要分为前脑、中脑和后脑。前脑主要包括视叶、蕈（xùn）状体和中央复合体，是负责多种感觉信息整合和认知功能的高级中枢。视叶位于前脑两侧，负责处理由视网膜传递来的视觉信息。我们前面讲过果蝇的复眼，进入复眼的光信号就是通过视叶分析和处理的。蕈状体因为形状像蘑菇，所以又被称作蘑菇体，被认为是多种感觉信息整合的中心，具有学习记忆、抉择等认知功能。中央复

合体主要负责视觉信息整合、空间定位与导航、学习记忆、运动控制等复杂功能。中脑主要负责处理嗅觉信息。后脑与食道神经相连，参与味觉的感知以及调控进食行为。

果蝇脑和人脑既有很多不同，又有不少相似之处。果蝇脑比人脑简单很多，不仅仅是二者大小相差巨大，而且从组成脑的神经元的数量上也能看出来。小朋友们已经知道，果蝇脑只有10万个神经元，人脑有大约1000亿个，而且人脑的结构更加复杂，能够完成的功能也比果蝇多很多。但是，也不要以为果蝇脑和人类完全不同。科学家研究发现，果蝇脑和人脑其实非常相似。从脑中的多种分子到神经元的连接方式，再到嗅觉、视觉的产生和传导，记忆的形成与储存，都没有本质的差别。换句话说，果蝇用比人脑简单得多的方式，实现了很多和人类一样的基础功能，这也是科学家为什么对果蝇这么痴迷的重要原因之一。

果蝇是社会性动物吗

小朋友们可能已经发现，我们果蝇无论是在飞行、觅食或者休息的时候，经常是几个甚至十几个好朋友一起出现，我们也喜欢和小伙伴们一起“玩耍”。大家觉得我们是不是社会性动物呢？

判断某种动物是不是社会性动物，有一个非常简单的方法，就是看它是群居还是独居。

独居的动物有很多，几乎所有鱼类、爬行类动物和很多鸟类都是独居。鱼类从出生之后就不需要父母照顾，从卵里孵化出来就可以自己游动和捕食，可以说是独立性非常强的生物了。哺乳动物中也有很多选择独居，比如在野外丛林里生活的老虎，它

们也是独居动物。每只老虎都有自己的领地，它们在领地里睡觉、捕食，不允许别的老虎进来，正所谓“一山不容二虎”。它们擅长埋伏在树林里，自己捕食猎物并且独享美食。

社会性动物都不是独居的，而是长期群居的。

群居动物我们更经常见到，人类就是其中一种。婴儿出生以后自己无法独立生存，需要父母的照顾；成年以后大部分人会结婚，和配偶一起生活；年老的时候需要子女在身边照料，或者在养老院和其他老人一起生活。我们几乎见不到一辈子都自己生活的人。人类的一生都需要和其他同伴交流，需要有自己的亲人和朋友。还有其他很多动物也是群

居，比如犬类（如狗和狼），它们也会和同伴一起生活，照顾幼崽。狼群一般由数十只狼组成，能力最强的会成为首领；“草原王者”——狮子也是群居动物，它们形成狮群一起生活，每个群体中有一只狮王，一起捕猎，一起抵御外敌入侵、守卫领地。

STEAM 小课堂

同样都是大猫（大型猫科动物的简称），为什么狮子是群居动物而老虎是独居动物？第一个原因是二者生活的环境有很大不同。在很早以前，野生大猫都像老虎一样生活在森林里，后来狮子选择走出森林到草原上生活。森林中树木茂密，虽然行动不便，但是有利于老虎隐藏自己，对猎物进行伏击，如果成群结队反而容易被发现。而草原一望无际，几乎没有可以用来隐蔽的树木，单只狮子捕猎成功的概率非常低，所以它们选择和“亲朋好友”采取围猎战术（这个技巧很可能是从犬科动物学习而来）。这就要求狮子必须三五只甚至十几只一起行动，分工明确，定位、驱赶、抓捕都由不同的狮子完成，才可能成功抓到猎物。第二个原因是老虎和狮子能够获得的食物数量差别很大。草原上经常会有成群结队的猎物，比如斑马、水牛、羚羊等，狮群一起狩猎可以得到大量收获，足够一起分享。但是在森林中，猎物数量就少了很多，如果老虎也和同伴一起捕食，得到的食物还不够自己吃，又怎么舍得分享，所以老虎更加擅长单打独斗，然后独自享受美食。第三个原因是草原上生活着如秃鹫、鬣狗这样的“清道夫”，它们成群结队，非常擅长抢夺狮子捕获的猎物。如果狮子自己捕猎，食物很可能就被“清道夫”抢去了，但和狮群一起行动，秃鹫、鬣狗自然也就不敢上前抢食了。与其把猎物白白送给“清道夫”，狮子当然更愿意与自己的亲属分享了。

群居和独居，社会性和非社会性，是动物在自然界中不同的生存方式，它们各有特点，没有优劣之分。独居生活的动物行动自由，不用听从指挥，也不需要和同伴分享食物，捕食到的猎物全都可以自己享用。而群居生活的个体在群体内更加安全，生存概率更高；个体集合为群体后力量更大，能力更强，有利于物种的繁衍；群体内不能适应生存的个体则逐渐被淘汰，促使物种进化。

社会性动物又分为一般社会性动物和真社会性动物。我们提到的大部分群居动物都是一般社会性动物，他们通常会选择和同伴一起生活，但同时也具备自己生存的能力，在特殊情况下也可以独自生活。而真社会性动物就不同了，它们必须和种群中其他成员一起生活，否则就无法生存。这些动物都有明确的分工，有的只负责繁殖，有的只负责守卫，并且会一起照顾群体中未成熟的个体。世界上只有少数几种生物是真社会性动物，例如昆虫中的蚂蚁、蜜蜂和哺乳动物中的裸鼹鼠。

大家都见过蜜蜂，它们是靠采集的花粉和花蜜来酿造蜂蜜的昆虫，同时利用蜂蜡建造可以长期居住的群体巢穴，所有蜜蜂都生活在里面。一个蜂群大约有几千只到几万只蜜蜂，包括一只蜂后，少量雄蜂和众多工蜂。它们都有自己的分工：蜂后是蜂群中唯一可以正常产卵的蜜蜂，她就像女王一样，什么都不用干，每天除了吃饭睡觉之外，唯一要做的就是生产后代；而数量较少的雄蜂的任务是和蜂后交配，它们在完成这一任务后就会马上死亡；数量最多的工蜂也是雌性，它们承担起蜂群中所有的体力劳动，根据工作内容的不同分为保育蜂、筑巢蜂和采蜜蜂。平时见到的那些围绕着花朵飞来飞去的就是工蜂中的采蜜蜂。工蜂在蜂后或蜂巢受到威胁时，会把腹部末端长长的螯针刺向敌人，当它们飞离时，螯针会连同部分内脏一起被拉出体外，工蜂也就因此而死去。但在危险面前，每一只工蜂都是英勇的战士，它们宁可牺牲自己，也要保护自己的蜂后和家园的安全。为了群体的利益可以毫不犹豫地牺牲个体，是真社会性动物最典型的特点。一

个蜂群就像一只完整的动物，其中的每一只蜜蜂都是它的一部分，它们分工明确，保障蜂群的繁衍和安全。个别蜜蜂的牺牲和死亡并不重要（即使蜂后意外死亡，蜂群也会快速产生新的蜂后），只要蜂群能够作为一个整体生存下来，一切都是值得的。

知道什么是社会性动物后，现在再来看看果蝇的生活方式吧。我们虽然喜欢和同伴一起生活在食物丰富的地方，但我们之间却几乎没有互动。果蝇妈妈在产卵之后，不会照顾自己的后代，而刚孵化出的果蝇也不需要父母的照顾就可以自己生存。一群果蝇内部没有工作分工，更不会为了其他果蝇的安全而自我牺牲。所以，现在你知道了吧，果蝇不是群居的社会性动物，而是独居动物。

果蝇的“秘密通道”大揭秘

其实我们果蝇本是一种野生动物，习惯在大自然中生活。除了科学家会在实验室里精心饲养我们，没有人把我们养在家里做宠物，大家甚至还会防着我们。那我们是施展了什么本领，悄悄地进入你们家中呢？

为了防止我们飞入家中偷吃食物，人类使用了各种各样的方式。比如纱窗、纱门、难闻的蚊香，甚至可怕的蝇拍，企图让会飞的我们走投无路。可是别忘了，我们可还有一个撒手锏呢！这就是前面讲过的昆虫特有的生长发育方式——变态发育。既然人类千方百计地阻止会飞的成虫分享你们的食物，

那我们就以卵或者幼虫的形态，藏在购买的水果里偷偷潜入。

在野外，果蝇妈妈们会把我们产在水果上，我们或紧紧地抓住水果表皮，或钻到表皮下藏起来。

果肉中丰富的糖分就是我们的营养物质。这些水果被采摘、售卖，最终到达餐桌，而我们也就这样悄悄来到人们的家中。几天以后，我们就会神不知鬼不觉地变为成虫，在你们眼前自由地飞来飞去，寻找食物啦！

让果蝇无路可逃的“甜蜜陷阱”

悄悄潜入人类家中仅仅是冒险的开始，并不代表我们无所畏惧，我和同伴们每天还需要面对两大挑战：寻找可口的食物以及躲避人类的进攻。下面就请我的好朋友杨博士给大家讲讲我们果蝇眼中的“生存挑战”。

很多人不知道，其实一种非常简单的方法就可以摆脱果蝇——按时清理家中的垃圾。雌性果蝇在人类家里吃饱喝足以后，就会找合适的地方产卵。通常，吃剩的水果、饭菜都是雌性果蝇愿意产卵的地方，因为它们富含营养和水分，有助于幼虫生长。

小朋友们已经知道，果蝇从卵到成虫的生长周期是10~14天，只要人们在这期间每天按时清理垃圾，把果蝇的卵也从家里带走，就不会再有新的果蝇出现了。

那怎么抓捕已经在家里出现的果蝇呢？这就要说到果蝇最害怕的“甜蜜陷阱”了。使用一个小瓶子，里面放上果蝇爱吃的食物，比如苹果、香蕉等糖分很高的水果。再在瓶子上面放一个用纸折叠出来的圆锥形盖子，大口向上，小口向下。贪吃的果蝇实在受不了瓶子里迷人气味的吸引，会从屋子里的各个藏身之所飞出来，计划去享用一顿美味的大餐。但圆锥形的开口上大下小，进来容易出去难。当果蝇吃完美食饱饱地准备离开的时候，却发现那小小的出口可太难寻找了！越着急就越找不到，最终被困在瓶子里了。

科学家如何打造五星级培养箱

别看我们果蝇在家里东躲西藏，备受欺负，在世界上很多实验室里，我们可是享受五星级待遇呢！大家想知道科学家是怎么在实验室里培养果蝇的吗？

早在一百多年前，科学家就开始研究我们了。那时候，他们会从野外抓果蝇回实验室喂养。但经过一个多世纪的发展，果蝇现在已经成为一种常用而且完善的模式生物了，对我们的饲养也有了严格的标准流程和要求，只有符合要求的果蝇才会被用于科学研究。

实验室的生活是无忧无虑的，我们完全不用费尽心思找吃的，科学家会专门为我们制作食物。

食物的主要原料是水和玉米粉，另外还有我们爱吃的酵母（它是重要的蛋白质来源），以及其他一些生长所必需的微量元素。制作好的食物是黏稠的，科学家会把它灌到专用的饲养瓶中等待冷却，这也是我们以后的生活空间。同一个饲养瓶中每次会放置20~40只我的同伴，其中有雄性也有雌性。我们在这里想吃就吃，想睡就睡，还会交配产卵。1~2天

后，瓶子中的成蝇会被转移到一个新的饲养瓶里。旧瓶子中只剩下雌蝇产下的卵，它们会很快变成幼虫，再变成蛹，最后羽化为成蝇，新出生的果蝇被称为“子一代”。因为几乎所有的卵都是在同一天被产下的，所以蛹也会在同一天羽化。科学实验中会用到不同年龄的果蝇，通过这种饲养方法，科学家能够清楚知道我们的“出生日期”，以此保证实验的准确性。子一代果蝇会被分成两部分：一部分用来做实验，另一部分用来继续产生“子二代”……如此往复，实验室中的果蝇就生生不息啦！

哦，对了！科学家不仅为我们提供吃不完的食物，还非常在意我们的生活环境。放置饲养瓶的培养间，一般都会保持25℃的温度和60％的湿度，这是我们最喜欢的状态。另外，培养间的照明也会遵循12小时开、12小时关的规律，为我们营造出合适的作息环境。

科学家这么精心地饲养我们，就是希望我们能够健健康康成长，未来能与他们一起为人类的科学事业作出更多贡献！

诺贝尔领奖台上的大明星

首次登上科学最高殿堂

诺贝尔奖最初根据著名科学家诺贝尔的遗嘱在1895年设立，目前包括物理学奖、化学奖、生理学或医学奖、和平奖、文学奖和经济学奖，旨在表彰在相关领域“对人类作出最大贡献”的人士。我们果蝇和不同科学家一起获得过6次诺贝尔生理学或医学奖，是当之无愧的“诺奖大明星”！下面我就跟大家讲讲这些历史吧。

摩尔根

我依然记得我们果蝇第一次获得诺贝尔奖是在1933年，和摩尔根先生一起。

果蝇因为具有易饲养、繁殖速度快、可观察的行为和性状多等优势，在20世纪初便被科学家选中，带入实验室。也正是在这个时候，我们和摩尔根先生结缘，并一起创造了新的历史。

在那个年代，大家现在熟知的“基因”还没有被发现，科学家还在苦苦探索生物遗传的奥秘。摩尔根和他的学生们整日与我们果蝇为伴，希望探索遗传物质的未解之谜，其中的关键是找到和正常果蝇不同的突变果蝇。然而，很长时间过去了，他们也尝试了各种方法，但始终没有找到发生突变的果蝇。就在摩尔根打算放弃的时候，奇迹出现了。

摩尔根的夫人无意中发现，在一群红眼的果蝇中，竟然出现了一只长着白色眼睛的雄性果蝇，难道期待已久的突变，就这么猝不及防地出现了吗？摩尔根经过研究，确认这是一个罕见的自然突变品种。他把这只雄性果蝇当作宝贝认真饲养，甚至每天带着它回家，生怕出现什么意外。就连他的妻子也每天都会关心地询问，那只白眼果蝇怎么样了？不久，摩尔根安排它和另一只红眼雌性果蝇交配，尝试将突变遗传给下一代，看看会发生什么。这只白眼果蝇和它的配偶一共产下了1000多只后代，每一只都携带着它们父母的基因。

摩尔根在这1000多只后代（子一代）中认真寻找，想看看有多少只遗传了父亲的白色眼睛。然而，奇怪的事情发生了，这1000多只后代竟然全都是红眼，没有一只白眼果蝇！它们父亲的突变基因怎么会突然消失了呢？为了解答这个谜题，摩尔根又将子一代中的雌蝇和雄蝇交配，得到子二代。终于，子二代中又重新出现了它们祖父辈拥有的白眼性状。

而且摩尔根经过统计发现，红色眼睛和白色眼睛果蝇的数量，不多不少正好是3：1。但更加让人不解的是，子二代的白眼果蝇竟然都是雄性。问题似乎越来越复杂了：子一代中消失的“白眼基因”到底是如何重新在子二代中出现的呢？为什么子二代中红眼果蝇数量刚好是白眼果蝇的三倍？为什么所有白眼果蝇都是雄性？

人类的遗传物质是23对染色体，而我们果蝇只有4对染色体，所有决定我们性状的10000多个基因，就分别在这4对长长的染色体上一字排开。其中有决定我们眼睛颜色的基因，也有决定我们性别的基因。而这两个基因，恰好在同一个染色体上，并且距离很近。如果把我们的染色体比作一列火车，那每个基因就是这列火车的一节车厢。其中有一节车厢控制眼睛颜色、一节控制性别，因为它们彼此相连，所以都会开往同一个目的地，都会同时遗传给下一代。这个现象被摩尔根称为“基因的连锁”。两个相互紧密相连的、几乎不会分开的连锁基因，

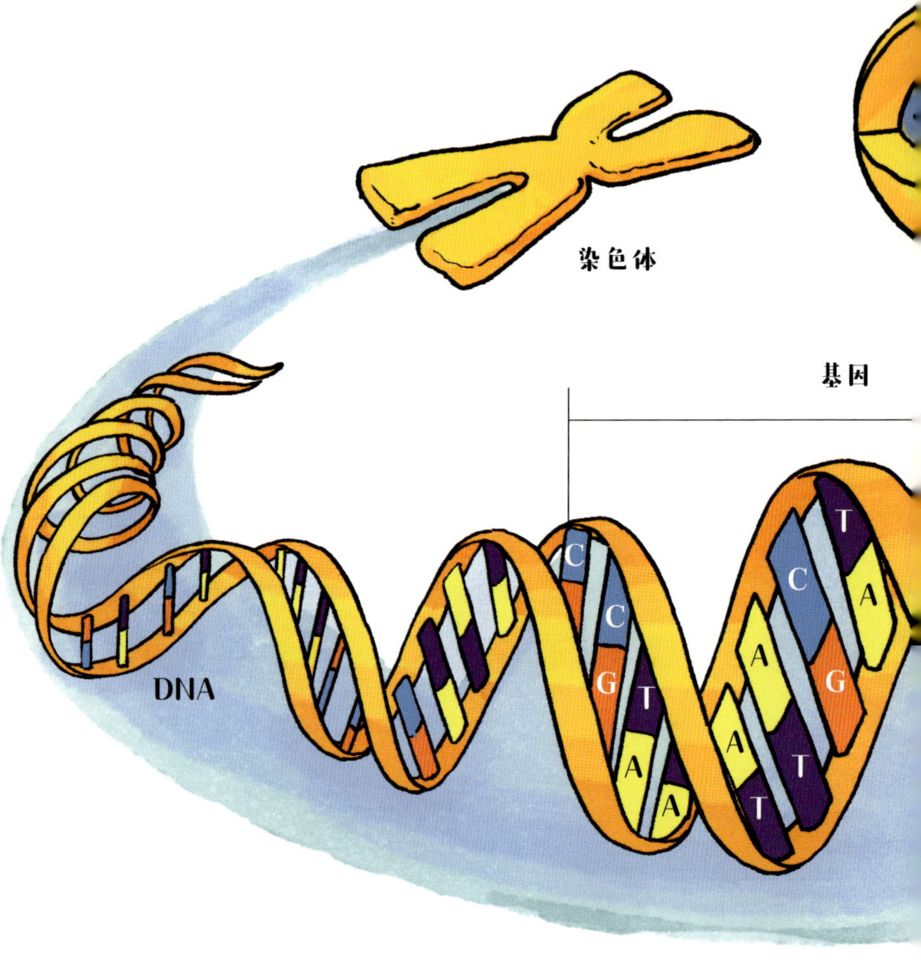
染色体
基因
DNA
C
C
G
T
A
A
T
C
A
A
A
T
T
G
A

总是同时出现，同时消失。决定眼睛颜色的基因，就位于决定性别的X染色体上，所以果蝇的眼色和性别遗传相关。人类中也有一些疾病是和性别相伴的，比如血友病和红绿色盲患者都大多为男性，这是因为这两个疾病的突变基因也位于决定性别的X染色体上。

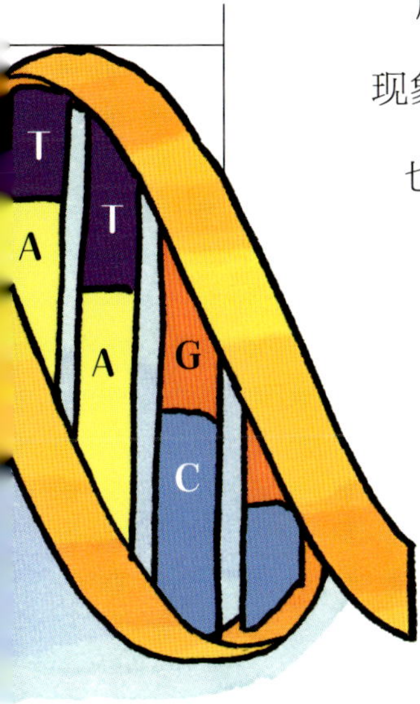

摩尔根的学生后来还发现了基因的分离现象：即使在同一个染色体上的两个基因，也有一定概率分开，不会同时遗传给下一代，这是为什么呢？当两个基因位置比较远，就好像火车上离得很远的两节车厢，有可能在半路就脱节开往不同目的地了，只有离得近的车厢才有更高的概率始终在一起。科学家根据两个基因一起遗传的概率高低，甚至可以算出基因在染色体上的位置，绘制出果蝇的基因图谱。

最终经过多年的实验，摩尔根和他的学生们证明，基因在染色体上一字排开，并且同一染色体上的基因会同时遗传给下一代，但在遗传过程中不同基因也会发生分离，分离的概率与基因的相对位置有关，这就是著名的“基因重组学说”。

1926年，摩尔根总结自己20余年来研究果蝇遗传学的成果，出版了遗传学名著《基因论》，系统地阐述了遗传学在细胞水平上的基因理论，使遗传学获得了前所未有的大发展。他也因此在1933年获得诺贝尔生理学或医学奖，这也是我们果蝇第一次登上人类最高科学殿堂的高光时刻。

携手高徒再获奖

穆勒先生既是摩尔根的学生，也是他的得力助手。穆勒首先提出了根据基因分离概率判断它们在染色体上相对位置的想法。因为亲眼见证过自己的老师获得一只自然突变的白眼果蝇有多困难，所以穆勒的研究方向就是人工提高果蝇的突变率。

为了达到这个目的，穆勒决定使用高能量的射线来干预果蝇的基因突变。果然，经过X光线照射的果蝇，基因突变出现的概率大大增加，甚至可以升高150倍。这一实验成果，不仅将遗传学的实验手段推进了一大步，还证明突变不仅是自然现象，也可以通过人工干预诱导产生，在生物学和遗传学研究上有着非同寻常的重大意义。

同时，穆勒还指出高能射线虽然能提高基因突变概率，有助于加快科研速度，但也会引起染色体畸变，带来不可预知的疾病甚至死亡。从那时开始，人类才知道原来射线对身体是有巨大危害的。

穆勒人工诱变果蝇基因的实验成果让他获得了1946年的诺贝尔奖，这也是与果蝇有关的第二项诺贝尔奖。同时给穆勒带来了“果蝇突变大师”“辐射遗传学之父”的称号。

现在医院的放射科一般都在地下室，并且安装着厚厚的铅门。拍X光片的医生只能在隔壁更安全的操作间控制，以避免长时间被高能射线辐射。

持续获奖

自穆勒获奖以后，我们果蝇一直都被科学家当作模式动物，在生命科学研究中发挥着重要作用，并分别帮助多位科学家获得诺贝尔奖。1995 年，对我们的研究因发现控制早期胚胎发育的遗传机制而获奖；2004 年，因发现嗅觉受体和嗅觉系统的组织方式而获奖；2011 年，因发现免疫系统关键基因，解释先天免疫系统作用机制而获奖；2017 年，因发现控制生物钟的分子机制而获奖。

我们虽然那么小，那么不起眼，和人类的长相、模样更是大不相同，但因为我们染色体和基因较少，提供了研究的便捷性，又和人类同源基因较多，很多研究成果稍加转换就可以应用于人类，所以一百多年来，始终是科学家的好帮手。相信今后与我们果蝇相关的诺奖还会持续出现，请大家拭目以待！

果蝇与诺贝尔奖

生物钟的分子机制 2017年

免疫系统的激活 2011年

嗅觉系统的工作原理 2004年

控制早期胚胎发育的遗传机制 1995年

辐射遗传学 1946年

基因遗传机制 1933年

果蝇与神经生物学

科学家和果蝇联手在很多学科中都作出了杰出的贡献，比如基因学、辐射遗传学、遗传发育学等。随着生物科学的发展和生物技术的进步，我们果蝇现在同样也是神经生物学领域的顶流之一。那各位小朋友知道什么是神经生物学吗？还有大家近年来总是听到、格外热门的名词——脑科学，你们是否理解呢？我可是偷偷请教过杨博士哦！

生物这个词大家都非常熟悉，地球上一切有生命的物体，都被称为“生物”。大到蓝鲸（体长约30米），小到细菌（世界上最小的细菌只有200纳米），地球上所有物种的总数高达870万种，其中有650万种生活在陆地上，220万种生活在水中。对这些生物的研究，被称作“生物科学”，又叫“生命科学”。它包括生命的起源和演化，生命的分类和分布，生命的构造和发育，生命的功能和行为，生命与环境的关系等。

生物科学竟然包含这么多内容，所以我们还可以对它进行细分。一种最简单直观的方法，就是按照研究内容的“大小”来区分。这里说的大小，可不是生物个头大小哦，而是科学家们研究对象的大小。比如研究分子和原子的生物科学，我们称之为分子生物学、结构生物学；研究比分子大一级别的、单一细胞的生物科学，叫细胞生物学、微生物学；研究多个细胞组成的器官或个体的生物科学，被称为生理学、神经生物学、发育学等；……再大一些，如果研究多个个体或者个体和它生存环境关系的生物科学，叫作生态学、演化生物学。

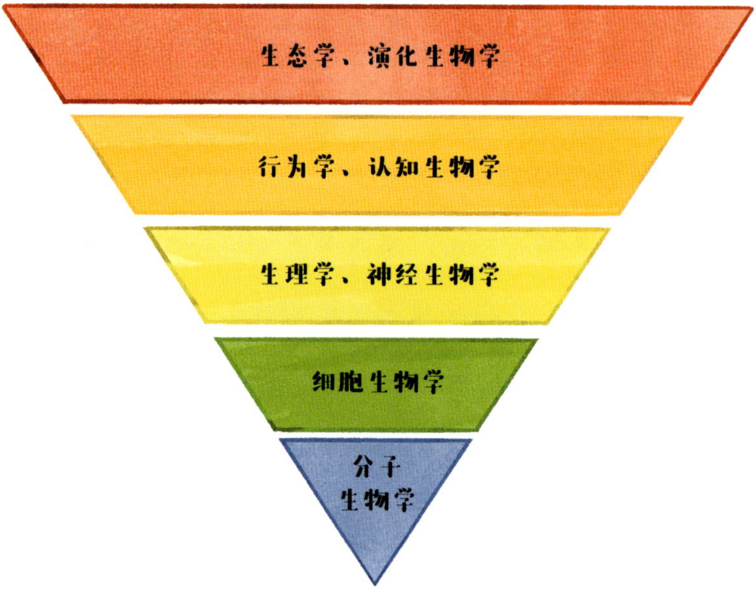
生态学、演化生物学
行为学、认知生物学
生理学、神经生物学
细胞生物学
分子
生物学

具体来说，神经生物学就是研究多个细胞组成的神经系统、神经网络的生物科学。神经系统由神经元组成，主要任务是在动物体内传递信号。那神经元是什么呢？神经元也是细胞，它就好像一根电话线或网线，可以把身体内的信息在大脑和身体之间快速传递。人类的大脑和脊髓是整个神经系统的“总部”，所有命令都是从这个总部发出的，它们俩也因此被称作“中枢神经系统”。在身体其他部位也有非常多的神经元，它们有些负责感受环境的冷热，有些负责感受触摸和疼痛，有些负责控制身体的运动，这些神经元组成了周围神经系统。

我来举一个例子，大家就知道神经系统是如何工作的了：当天气变热的时候，皮肤中的温度感受器就会把“热”这个信息通过周围神经元，像接力比赛一样，一层一层地传递到中枢神经系统——大脑；大脑作为总司令部，不但接收到了天气变热的信息，而且可以发出指令控制我们的双腿走到衣柜前，控制我们的双眼找到一些凉爽的衣物，再控

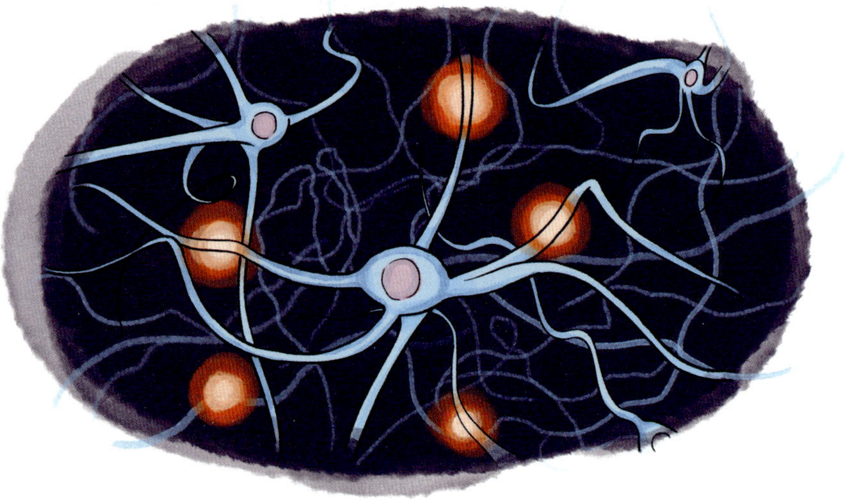

制我们的双手把衣服换上（大脑也可能会控制我们去打开空调或者冲个凉）；此时身体会再次把清凉的感觉信息传递送回总司令部，大脑因此产生了愉快的感觉，完成了一次遍布全身的神经元之间的完美配合。所以，动物几乎一切行为都离不开神经系统。小朋友们还能举出其他神经系统控制我们行为的例子吗？

也正是因为神经系统如此重要，所以它出了问题就会产生很多疾病，比如脑神经因缺血而死亡会引发中风，大脑神经元如果过度兴奋可能导致癫痫，脑神经过早过度退化会引发阿尔茨海默病（老年痴呆症）、帕金森综合征等疾病。另外，孤独症、抑郁症、焦虑症等精神类的疾病也都是因为神经系统异常引起的。这些神经性疾病往往会严重威胁人类的健康，所以对它们的预防和治疗就显得非常重要。但是因为人类的脑神经网络是非常复杂的系统，所以对神经性疾病的研究十分困难。而且直接对人类的神经系统，特别是对大脑进行研究，危险性也很高，可能在研究和治疗的过程中导致病人更严重的疾病甚至死亡。那科学家有什么好方法，可以解决这个难题，既安全又有效地对人类神经系统进行研究呢？这种情况下，各种实验生物就起到了非常重要的作用。

前面已经讲过，果蝇就是一种非常适合做神经学研究的模式动物。原因在于：果蝇脑和人脑在大小和形态方面虽然很不一样，但是组成这两种脑的基本细胞——神经元却非常相似。这些神经细胞的基本结构、工作方式和相互连接的形态，在果蝇与人类之间没有本质差别。这就为科学家用果蝇进行神经生物学研究打下了坚实的基础。此外，果蝇脑中神经细胞的数量只有人类的百万分之一，大大简化了本来非常复杂的研究过程。同时，果蝇还是一种便于饲养的生物，只需要少量的空间和食物，就可以在实验室生存和繁殖。而且果蝇生长发育快，1~2周时间就可以产生子一代，非常有助于进行遗传学研究。所以，果蝇是神经生物学家最喜欢的几种实验动物之一。

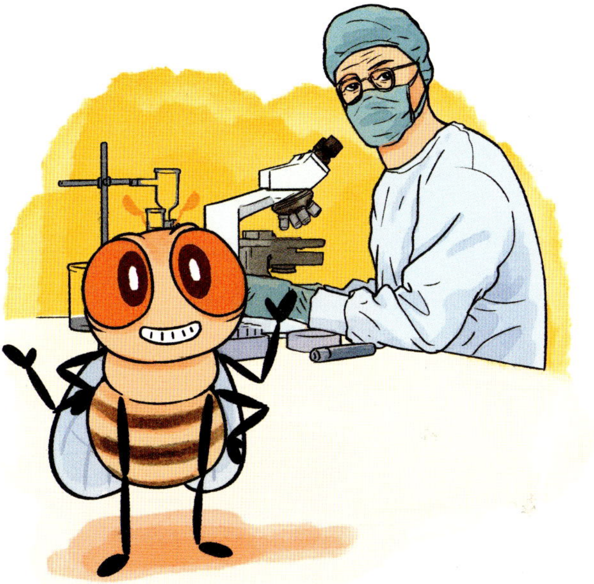

果蝇有记忆吗

既然我们有和人类相似的脑，能完成很多基本的脑功能，那我们小小的脑袋也会有记忆吗？我们是不是能记住自己的同伴、食物的位置？甚至记住和自己生活在一个屋檐下的人类的长相呢？

要回答这些问题，大家首先得知道记忆是什么。

小朋友们每天都在学校学习新的知识，也会听朋友说起自己不知道的事情，可能还会去以前从来没有到过的地方，品尝没有吃过的美食。有些经历会在你们的脑海里留下印象，那些让人印象深刻的事情（比如好玩的游乐场、好吃的甜点、有趣的知识等）就会变成难忘的回忆，甚至在很多年后你们仍然记得，这就是记忆。

记忆分为短期记忆和长期记忆。短期记忆在脑海里停留的时间从几秒钟到几个月不等。有时候大家想要做某件事情，可是转头就忘记了，这就是典型的短期记忆。还有些事情，比如新学的一首诗歌，新认识朋友的姓名，你可能会记上几天或者几周，但是此后如果不再去回忆的话，也很快就忘记了，这也是短期记忆。相反，如果你在较长的一段时间内每天都见到这位朋友，每次都喊他/她的名字，即使长大以后很长时间不再见面，那也很难忘掉了，因为它已经变成了长期记忆。长期记忆就是能够停留在脑海中数年、数十年甚至一生的记忆。

还有一种记忆也属于长期记忆，那就是肌肉记忆。等一下，记忆不是都在大脑中吗？难道肌肉也能储存记忆？我们看一个简单的例子就明白了。大家每天都在走路，有没有人走路的时候需要时刻提醒自己，左脚迈完换右脚，右脚和左手一起动，左脚和右手一起动呢？这太可笑了，对不对？没有人会这么做！在学会走路之后，我们再也不用去操心这个过程了，这就是肌肉记忆！经过反复练习和尝试，肌肉的运动不再需要大脑有意识地控制，可以自主完成的复杂动作，叫作“肌肉记忆”。肌肉记忆的形成，能够在很大程度上解放我们的大脑，让大脑去完成更加复杂的任务。设想如果我们在走路的时候还要思考怎么运动手脚的话，哪还有心思去聊天和思考呢！

果蝇是不是也能产生记忆呢？科学家很早就对这个问题产生了兴趣。经过非常多的实验发现，我们果蝇不仅能够产生记忆，而且和人类一样，也有短期记忆和长期记忆，甚至产生和储存记忆的方式也和人类相似。如果科学家在给我们喂糖水的同时让我们闻一种气味，那下次当这种气味再出现的时候，我们就会以为又有糖水可以喝了——因为味觉和嗅觉的记忆已经形成了。科学家还会训练我们对空间位置产生记忆，比如，把我们放入一个特定地方，然后让环境温度升高到很不舒服的高温，很快我们就会知晓这个地方是危险的，应该避免再来。结合优秀的嗅觉和位置记忆能力，我们能快速地到达美味可口的食物周围，饱餐一顿之后，还能准确地找到回家的路。我们还可以完成视觉学习记忆，虽然还不能认识不同人的面孔，但是我们能够快速地分辨出不同形状的图案，甚至更复杂的视觉信息我们也能够识别出来。这项技能正在被科学家研究，并且期望以后能应用在无人机的视觉识别系统中。

果蝇也会抑郁吗

在和人类的密切接触中我发现，随着社会的发展，不断加剧的社会压力和竞争也增加了人类罹患精神类疾病的风险，如孤独症、焦虑症、抑郁症等，其中比较常见的就是抑郁症。什么是抑郁症呢？据我观察，患有抑郁症的人通常会产生悲伤、烦躁、空虚等抑郁情绪，也会感到对所有事情都失去兴趣。还有一些其他症状，比如很难集中注意力，经常自我贬低，对未来不抱有希望，睡眠和饮食也会受到比较大的影响，经常感到疲惫和精力不足，活力下降。

严重的抑郁症会影响到每天的生活，所以科学家一直在努力研究抑郁症的致病原因和治疗手段。

感到悲伤、
焦虑
易怒
兴趣减少
感到无助、
自我贬低

人类经过几代科学家的不懈努力，已经可以使用果蝇对如抑郁症、癫痫、阿尔茨海默病、帕金森综合征等多种复杂神经和精神疾病进行深入且有效的研究了。现如今，我们果蝇可是帮助人类战胜这些疾病的重要合作伙伴呢！

让我们一起跟随杨博士，看看果蝇是如何帮助科学家研究抑郁症的吧！

科学家把一只果蝇放置在一个实验平台上，让它在上面自由爬行。但是科学家不会让果蝇这么舒服，他们每隔几秒钟就把果蝇所处的环境突然升高到40℃的高温，过几秒钟再降至25℃的室温。实验初期，遇到高温的时候，果蝇会四处乱窜，希望能找到一个安全的、低温的地方躲避，可是从来不会成功。于是慢慢地，果蝇发现自己跑或不跑都不能逃离高温环境，只能等待温度自主下降。科学家研究发现，这些经历过“不可逃避刺激”的果蝇，就好像得了抑郁症一样，它们逃生的欲望显著下降，运动活力也下降很多，只会安静地待在高温环境下，默默地忍受，等待温度下降。

通过进一步研究，科学家还发现，是果蝇脑中的特殊神经元控制着这种行为。科学家相信，对这些神经元和它们连接方式的研究一定能帮助人类理解抑郁症、治疗抑郁症，最终战胜抑郁症。

生物钟的奥秘

各位小朋友现在已经知道了，有三位科学家因为在我们果蝇身上发现了生物钟的奥秘，获得了科学家的最高奖项——诺贝尔奖。那你们知道什么是生物钟吗？它和果蝇又有什么关系呢？请杨博士告诉大家吧！

在生活中，时间对人类来说很重要。上学、上班的路上需要看看表，是不是快迟到了？忙碌了一天以后，看看表是不是该下班了？除了钟表之外，人类还有日历、年历等用来记录日期。钟表被发明之前，中国先民就学会借助太阳照射下来影子的方

日晷

向以及太阳在一年中的高低变化来判断时间和日期，可见人类生活离不开时间。

有些小朋友可能会问了，那不会看钟表的动物，它们是不是就不需要知道现在几点了呢？时间对它们来说是不是不重要呢？当然不是啦！动物们虽然没有表，但是每天几乎都会在固定的时间醒来、固定的时间睡觉。冬眠中的动物（比如北极熊）在睡了几个月以后都知道应该在什么时候起床，难道它们的洞穴里有闹钟吗？甚至没有眼睛没有耳朵的植物，也会在白天开花，晚上闭合，它们又是怎么知道时间的呢？

其中的奥秘就藏在神奇的生物钟里。生物钟，也叫生物节律或生物韵律，是指生物体内各种随时间做周期性变化的生理活动，这些变化几乎都是因为地球在宇宙中的运动引起的。这么说可能太抽象了，我们来举几个例子吧：很多生物会在每年春季繁衍后代，一年一次，这是因为地球绕太阳的公转周期是一年；一些海洋生物（比如海龟）每个月会在固定的时间上岸产卵，这是由于月球位置的变化引起了相应的潮汐变化；人类和大多数动物每天“日出而作、日落而息”，原因是地球自转周期为24小时。

我们所处的太阳系和地球大约形成于46亿年前，而在10亿年之后地球生命才出现。从那时开始，地球上所有的生命都共同沐浴着太阳的光芒，并且在相同的地球自转和公转周期中缓慢进化。这就不难理解为什么几乎所有地球上的生命，大到人类，小到细菌都有一样的生物钟了。

最常见的，也是我们最容易观察到的生物钟周期是24个小时，也就是一天的时间，因此我们叫它昼夜节律。它是根据每24小时一次日出日落而形成的。那是不是因为我们能看到阳光，所以才知道白天和黑夜呢？其实不是的。科学家做了实验，发现如果让动物或者人类生活在封闭

的屋子里，没有门窗，看不到外面的光线变化，他们依然在很长的时间里表现出精准的24小时生活周期。这说明生物钟并不时刻需要外界的线索，而是可以自己在体内运行，这是怎么实现的呢？在很长一段时间里是一个未解之谜，直到果蝇出手相助。

最早研究果蝇生物钟行为的生物学家本泽教授和他的学生克洛普克在20世纪70年代首先运用遗传学的方法诱导果蝇DNA突变，然后发现这些突变果蝇的昼夜生活规律发生了变化，它们的睡眠和饮食都变得不规律了。其中有些果蝇完全失去了昼夜节律，它们活动在无光的环境里就会变得毫无规律，被称作“无周期突变”；有些果蝇虽然仍保持规律性的运动，可是周期长短却发生了变化，有的比24小时长，叫“长周期突变”，有的比24小时短，叫“短周期突变”。而且这些突变的性状是能够遗传的，说明这是由基因控制的。本泽和克洛普克将他们发现的生物钟基因命名为“周期基因”，并在果蝇的染色体上确定了基因的位置。这是世界上第一个被发现的生物钟基因，也首次证明，果蝇的生物钟行为是由基因调控的。

这个发现鼓舞了很多科学家使用果蝇对生物钟进行更加深入的研究，希望解答生物钟的奥秘。科学家迈克尔·扬发现了另一个控制果蝇生物钟的基因——“无时间基因”，并发现它和“周期基因”一起作用，影响着生物钟。从这之后，控制生物钟的基因陆陆续续在果蝇和其他动物身上被发现，生物钟的运行机理也终于浮出水面。简单来说，其中的关键在于从“周期基因”转录和翻译而来的“周期蛋白”具有自抑制作用。“周期蛋白”被合成得越多，对自身的抑制作用就越大，随着它积累到一定的数量，合成就会停止。停止的时间久了，抑制作用也随之下降，“周期蛋白”就会再次产生。这样一个蛋白减少又增多的周期，不多不少，刚好是24个小时，因此实现了昼夜节律。在果蝇的生物钟被发现并且运作机理被研究清楚之后，科学家又发现哺乳动物和人类生物钟的作用原理与果蝇几乎相同。三位研究果蝇生物钟的科学家也因此获得了2017年的诺贝尔生理学或医学奖。

生物钟看不见摸不着，却每时每刻都影响着人类的生活，包括睡眠、饮食、活动、血压、体温、激素释放等。昼夜节律的紊乱也与多种疾病的发生密切相关，生物钟失调会导致失眠、体乏、抑郁、免疫功能低下甚至产生包括肿瘤在内的各种疾病。

了解了生物钟之后，小朋友们明白为什么不能熬夜了吧！因为身体内多种生物钟蛋白的产生，并不会因为你不睡觉而停止增加或降低，经过数十亿年的进化，它们早就有了自己的节律，不会因为个体的行为而改变。太阳落山后，大脑中的“周期蛋白”开始增多，褪黑素开始分泌，困意随之产生。这时应该调暗光线，逐渐让身体进入睡眠状态；第二天日出的时候，“周期蛋白”和褪黑素逐渐减少和消失，人们自然会从睡梦中醒来。所以，不要再尝试熬夜以后通过补觉来“平衡”自己的睡眠时间啦，古人所说的“日出而作，日落而息”是有科学依据的。

那正确的作息应该是什么样的呢？大家应该把复杂的、需要大量思考的工作放在上午去完成，因为这个时间精神最好，最能应对困难；那些单一的、重复性的工作，可以在下午进行；晚餐最好在日落前后，此时肠胃的活动比较活跃，有助于消化和吸收；天黑之后就要少进行激烈的活动，适当调暗室内灯光，因为大脑这时已经在酝酿睡意了。

经过科学家几十年来的不懈努力，人类终于基本了解了神奇的生物钟——其中当然离不开果蝇的帮助。对生物钟的认识，一方面让人类更加了解自己和这个世界，另一方面也给大家提示，要根据自身的周期性变化，合理安排一天的活动，从而使工作、学习效率和休息效率都达到最高，也使得身心健康状态达到最佳。

果蝇在太空中的奇妙冒险

小朋友们知道第一个进入太空的动物是什么吗？是人，是狗，还是猴子？都不对。第一个进入太空的动物，是我们果蝇！早在1947年，美国就利用当时最先进的火箭把我的同伴送上距离地面109千米的高空。虽然只有短短的3分钟，但根据国际广泛接受的100千米以外为太空的定义，我们非常荣幸地成为首次离开地球、进入太空的动物。当时科学家把果蝇送上太空，是希望研究太空辐射对生物体是否有害，为以后人类进入太空做好准备。事实上，首批进入太空的果蝇，确实为1949年的太空猴、1957年的太空狗以及最终1961年人类的太空之旅铺平了道路。

一直到现在，果蝇仍然是太空中的常客、航天员的好旅伴。大家一定很好奇，我们为什么会被送上太空，我们在太空中又能完成什么科学实验呢？请杨博士来为大家揭晓答案吧！

“地球是人类的摇篮，但人类不能永远生活在摇篮里。”展望未来，人类终有一天会走出地球，移民其他星球甚至星系。飞向太空，在太空中遨游是一代又一代人的梦想。但是大家知道吗，其实太空是很危险的。太空中的环境和地球有很大不同，最主要的特点是微重力和太空辐射。我们都知道太空中几乎没有重力，所有物体都是漂浮的，微重力环境会使航天员出现头晕、目眩、恶心、困倦等症状，甚至还会对体内器官造成影响。另外，因为缺少大气层和地球磁场的保护，太空中有很强的辐射，强度是地球的100~500倍，有极高的安全风险。这些太空射线会造成DNA双链断裂、基因突变和染色体畸变等，并可能诱发白内障甚至癌症、白血病等疾病。

如何防范微重力与太空辐射对人体造成的危害，是人类进行载人深空探索以及星际航行前必须解决的问题。这时候，各种实验动物就成了人类的好帮手。科学家把果蝇、小鼠、狗、兔子、猴子等动物分别送入太空，用来研究太空环境对它们造成的影响。

果蝇有很多特点，刚好适合此类研究。首先，无论是运载火箭还是空间站，内部的空间都非常有限，可以说是寸土寸金。果蝇体积小、重量轻，便于用火箭运输，方便在空间站生存。其次，果蝇生长发育快，在太空中生活3周就相当于人类生活30年，这大大节省了时间，有利于对DNA变异和遗传发育特征进行研究。最后，果蝇的基因组已被完全绘制，与人类基因的相似度非常高，而且超过75%的人类遗传疾病致病基因都可以在果蝇身上找到对应基因。因此，果蝇成为科学家眼中非常理想的太空实验动物和研究模型。

科学家可以利用果蝇在太空中研究很多问题。例如，在微重力条件下，人类心脏的形状会变成球形，导致心肌萎缩，供血能力降低。果蝇是研究人类心脏的良好模型，它们的管状心脏与人类胚胎期的心脏很相似。研究结果发现，经历过太空飞行的果蝇心脏更小，收缩性更弱，泵血能力降低，而且心肌细胞结构也会发生变化。另外，在太空中病原体会更容易引发疾病。这可能是因为太空环境会影响致病性微生物或病原体与正常细胞的相互作用。果蝇具有复杂的免疫系统，可以作为了解人类免疫系统在太空中如何运作的模型。再如，利用果蝇还能够研究太空飞行对衰老、睡眠、压力的影响等。

在 2022 年 3 月 23 日的“天宫课堂”上，中国航天员王亚平在中国空间站的直播中向地球上的小朋友讲述：

> 果蝇是生物学里常见的实验对象，被大量使用在遗传学和发育生物学的研究当中，中国科学家也计划将来把果蝇带到空间站里进行研究。

2024 年 11 月 15 日，随着长征七号遥九运载火箭的顺利发射，我国首次将果蝇送上空间站，开展科学实验。也许现在，空间站里就翱翔着好多“太空果蝇”，正帮助我国科学家解答大量前沿科学问题呢！

结 语

各位小朋友现在是不是已经对我非常了解了呢?

我是一只有六条腿和一对翅膀的果蝇，总是悄悄地生活在人类的家中，喜欢以高糖分的水果为食，西瓜、香蕉、苹果等都是我最爱的食物；我们的生长发育过程和人类不同，从卵到幼虫再到成虫，仅需要10天左右的时间，而且形态会发生根本改变；我有非常发达的嗅觉系统，可以从很远的地方就闻到美食的气味；同时我也有先进的视觉系统，我的眼睛——复眼的时间分辨率是人类的十倍以上，可以轻松发现快速运动的物体，帮助我躲避天敌的攻击；我们身材渺小，可是头脑却很发达，像人类一样可以形成很多记忆，记得哪里有好吃的食物，哪里太危险不能靠近；我们虽然经常成群结队地出现，但并不是群居动物。早在一百多年前，科学家就发现果蝇特别适合生物科学研究，把我们带到实验室进行饲养，并且一起合作完成了许多杰出的科研成果；我们还是第一种离开地球进入太空的动物，为人类作出了巨大贡献。

大家下次在家里看到我，可不能害怕和嫌弃我了哦。记得跟我打招呼，我是你们人类的好朋友!

—— 一只聪明的果蝇